Ulm

Inhaltsverzeichnis:

4 Ulm, eine lebendige Stadt
6 Die wichtigsten Daten aus der Stadtgeschichte
8 Das Ulmer Münster
24 Das Ulmer Rathaus
28 Das Ulmer Museum,
– Das Deutsche Brotmuseum
32 Weinhof – Fischerviertel
– Donaufront – Grüner Hof
38 Die Friedrichsau
44 Ulm heute
62 Ulmer Feste
70 Ulm – Wiblingen
74 Ulm als Hochschulstadt
76 Die Bundesfestung Ulm
Ulm im Winter

69232 Dielheim · Postfach 1027 · www.verlagvonkoenig.de

Photos: Edm. von König Verlag & Mediadesign
Text und Bildauswahl: Herbert Dörfler, Oberstudiendirektor, Ulm
Plan Seite 13 mit freundlicher Genehmigung der Münsterverwaltung

ISBN: 3-921 934-46-x

In der gleichen Reihe sind bisher folgende Bände erschienen:
Heidelberg · Rothenburg ob der Tauber · Würzburg · Freiburg
Stuttgart · Nürnberg

Bestellnummer 02640001

Ulm
eine lebendige Stadt

Herbert Dörfler

VERLAG &
MEDIADESIGN

Ulm, eine lebendige Stadt

Hören wir den Namen Ulm, so denken wir an das Ulmer Münster mit dem höchsten Kirchturm der Welt (161,5 m), an das Ulmer Museum, das Deutsche Brotmuseum, an die Bundesfestung, an das Theater, an das Fischerviertel, die Friedrichsau, die Universität und Fachhochschule, die Wissenschaftsstadt Ulm mit Science Park und Aninstituten, den Kunstpfad, den Botanischen Garten, die Ulmer Kunst, die Ulmer Originale mit Spatz und Schneider und schließlich an die Ulmer Feste wie Nabada und Fischerstechen.

Die Stadt Ulm, am Fuß der Schwäbischen Alb, am Zusammenfluß von Donau, Iller und Blau gelegen, Tor zu Oberschwaben, Grenzstadt zu Bayern, zählt heute 117 000 Einwohner und bildet mit der bayerischen Stadt Neu-Ulm das Oberzentrum einer großen Region.

Ulm, einst eine mächtige freie Reichsstadt, reich an historischer Vergangenheit, verdankt seinen Aufstieg und seine Größe dem Handel, dem Gewerbe und der Industrie. Das Ulmer Tuch, der Barchent, überall begehrt, brachte Reichtum und trug den Namen Ulm hinaus in die Welt. Heute übernehmen diese Aufgabe die Ulmer Industrie und die Universität.

Die Lastkraftwagen der Firma Magirus (heute Iveco), genannt „die starken Bullen", sind immer einsatzbereit, ob in der Kälte Sibiriens oder in der Gluthitze der Wüste. In fast allen Ländern garantieren die modernen Touristikbusse der Firma Kässbohrer (heute Evo-Bus) ein angenehmes und bequemes Reisen. Die Pistenbullis der gleichen Firma walzen die Hänge in Europa und Amerika für die Skifahrer glatt.

Weltweiten Ruf genießen ebenfalls die Firmen Dasa (früher AEG), Wieland, Garena, Anschütz, Brehm und Zwick.

Ulm, Universitätsstadt, Wissenschaftsstadt, wichtiger Industriestandort, Einkaufs- und Messestadt, Zentrum des Handels, Schwerpunkt der Krankenhausversorgung, attraktiv im kulturellen Leben, vielfältig im Freizeitangebot, reich an historischer Vergangenheit, mächtig an Gebäuden, verträumt in Winkeln und Gassen, lebenswert für jeden Bewohner und anziehend für jeden Besucher, ist eine lebendige Stadt. Vielfältig pulsiert das Leben in dieser Stadt. Reichhaltig sind die einzelnen Angebote auf allen Gebieten, unterschiedlich die Interessen, hart der Konkurrenzkampf, und tagtäglich prallen die Gegensätze in unterschiedlichen Zielkonflikten aufeinander.

All das sind Zeichen einer lebendigen Stadt. Jeder Besucher, der mit offenen Augen Ulm erlebt, wird erfahren, daß in unserer Stadt aus einer reichen Vergangenheit heraus die Probleme der Gegenwart angegangen werden, um die Zukunft zu gewinnen.

Ein Stadtqualitätsprogramm, mit einer Investitionssumme von 250 Millionen DM, beschlossen vom Ulmer Gemeinderat 1985, verbesserte das Gesamtbild der Stadt sehr deutlich. Der neugestaltete Münsterplatz mit dem modernen Stadthaus, das gelungene Congress-Centrum mit dem exklusiven Hotel Maritim am Donauufer, sind neue städtebauliche Höhepunkte.

Ulm, Blick aufs Münster und Altstadt.

Die wichtigsten Daten aus der Stadtgeschichte

Die Umgebung von Ulm war bereits in der Steinzeit besiedelt. Eine Königpfalz entstand im 8. Jh. auf dem Gelände des heutigen Weinhofs.

854: Erste urkundliche Erwähnung Ulms als Königpfalz. König Ludwig der Deutsche schlichtet in Ulm Streit zwischen dem Bischof von Konstanz und dem Kloster St. Gallen.

Im 12. Jh.: Ulm wird Hauptstützpunkt der Staufer.

1134: Zerstörung der Stadt durch den Welfenherzog Heinrich.

1140: Wiederaufbau der Pfalz Ulm durch den Stauferkönig Konrad III.

um 1165: Nach Fertigstellung der Stadtmauer erhält Ulm durch Kaiser Friedrich Barbarossa das Münz- und Stadtrecht.

1316: Das Stadtgebiet wird um das Vierfache, auf 67 ha, erweitert und mit einer 3,4 km langen Doppelmauer so stark befestigt, daß sie jeder Belagerung standhält.

1347–1366: Der Mystiker Heinrich Seuse (Suso) lebt im Dominikanerkloster in Ulm.

1376: Belagerung Ulms durch Kaiser Karl IV.
Folge: Die Kirche „Unserer lieben Frau“ und das Wengenkloster St. Michael, beide vor den Toren der Stadt, werden abgebrochen und in die Stadt verlegt.

1377: 30. Juni, Grundsteinlegung des Ulmer Münsters.

ab 1380: Beginn der Stadtgebietserweiterung. Ulm wird nach Nürnberg territorial mit 3 Städten und ca. 80 Dörfern zweitgrößte Reichsstadt von Deutschland.

1399: Neubau des Wengenklosters,

1397: „Großer Schwörbrief“, die Verfassung der Stadt beendet Streit zwischen Patriziern und Zünften und regelt die Bestellung des Bürgermeisters (Patrizier) und die Zusammensetzung des großen und kleinen Rates (Übergewicht der Zünfte).

14./15. Jh.: Die Stadt erreicht den Höhepunkt ihrer Macht. Mit 21000 Einwohnern gehört Ulm zu den großen Städten im Land. Die Wirtschaft floriert. Das Ulmer Tuch, Barchent, ein Gewebe aus Leinen und Baumwolle, ist überall begehrt. Der Münsterbau zieht bedeutende Künstler an. Hans Multscher, Jörg Syrlin, Michael Erhart, Bartholomäus Zeitblom, Martin Schaffner, Hans Acker und Peter von Andlau schaffen große Werke. Der Buchdruck, seit 1473 in Ulm, bringt wertvolle Werke der Literatur und Wissenschaft, verziert mit künstlerischen Holzschnitten, zur Verbreitung.

ab 1500: Ulm wird ständiger Versammlungsort der zweimal im Jahr tagenden 31 Reichsstädte des Schwäbischen Kreises.

1530: Durch namentliche Abstimmung entscheidet sich die Bürgerschaft mit Mehrheit für die Einführung der Reformation.

1531: Bildersturm: 12 Kirchen, 30 Kapellen und 60 Altäre im Münster werden zerstört.

1546: Ulm unterwirft sich Kaiser Karl V. Der Schwörbrief wird aufgehoben und durch eine aristokratische Verfassung ersetzt. Ulm verliert an politischer und wirtschaftlicher Bedeutung. Die Künstler verlassen die Stadt, Ulm verarmt.

1570: Beginn der Donauschiffahrt, Ulm – Wien bis 1897.
1618/48: Im 30jährigen Krieg wird die Stadt durch Belagerungen, Truppendurchzüge, Plünderungen und Seuchen schwer getroffen. Die Einwohnerzahl nimmt auf 13000 ab.
1626/27: Johannes Kepler in Ulm.
1641: Erstes Stadttheater von Deutschland in Ulm erbaut.
1745: Maria Theresia und Kaiser Franz I reisen in einem Festzug, bestehend aus 34 Zillen und 1 Prunkschiff, von Ulm nach Wien.
1802: Ende der freien Reichsstadt Ulm. Ulm kommt zu Bayern.
1810: Ulm kommt zu Württemberg.
1811: Der Flugversuch von Albrecht Berblinger, des Schneiders von Ulm, mißlingt.
1842/68: Ulm wird zur Bundesfestung ausgebaut. Diese Maßnahme bringt den Bewohnern Arbeit und der Stadt wirtschaftlichen Aufschwung.
1850: Bau der Eisenbahnstrecken Stuttgart und Friedrichshafen,
1854: Augsburg – München.
1869: Neu-Ulm, die bayerische Nachbargemeinde, wird zur Stadt erhoben.
1874: Abbruch des Barfüßerklosters am Münsterplatz.
1890: Fertigstellung des Münsterturmes
19. Jh.: Beginn der Industrialisierung, Vergrößerung der Stadt und rasche Zunahme der Bevölkerung von 11500 (1823) auf 43000 (1900).
1905/25/27: Die Vororte Söflingen, Grimmelfingen und Wiblingen werden eingemeindet.
1933: Die Nationalsozialisten übernehmen im Ulmer Rathaus die Macht.
1938: Am 10. November wird die Synagoge auf dem Weinhof niedergebrannt.
1944: Am 17. 12. schwerster Luftangriff auf Ulm. 700 Menschen sterben, 15000 werden obdachlos.
1945: Einmarsch der Amerikaner am 24. 4. in Ulm. Zwei Drittel der Stadt sind zerstört, 85% der Altstadt, 6000 Tote und Vermißte sind zu beklagen. Besinnt euch ihr Lebenden, mahnen die Gedenksteine auf dem Ulmer Friedhof.
1946: Beginn des Wiederaufbaus.
1955: Hochschule für Gestaltung (HfG) wird eingeweiht.
1960: Ingenieurschule, heutige Fachhochschule, eröffnet.
1967: Gründung der Universität Ulm.
1969: Neues Stadttheater an der Olgastraße eingeweiht.
1971/75: Durch die Eingemeindungen der Vororte, Unterweiler, Gögglingen, Donaustetten, Einsingen, Eggingen, Ermingen, Mähringen, Lehr und Jungingen wird das Stadtgebiet verdoppelt und die Einwohnerzahl nimmt um 10000 zu.
1980: Erste Landesgartenschau im Ulm.
ab 1985: Innenausbau, Stadterneuerung durch ein großes Stadtqualitätsprogramm.
1993: Eröffnung Congress-Centrum
1993: Einweihung Stadthaus

Das Ulmer Münster

Weithin sichtbar ist das Wahrzeichen der Stadt Ulm, das Ulmer Münster, mit seiner großartigen Architektur, mit dem höchsten Kirchturm der Welt (161,5 m).
Erbaut vor mehr als 600 Jahren, zur Verherrlichung Gottes, zur bürgerschaftlichen Selbstverwirklichung, als Pfarr- und Bürgerkirche, als Symbol der Unabhängigkeit und als Zeichen für Ansehen und Reichtum.
1316 wurde das Stadtgebiet um das Vierfache auf 66,6 ha erweitert. Nicht einbezogen in die Befestigung war die Pfarrkirche „Unserer lieben Frau über dem Felde". Sie lag außerhalb der Stadtmauer. So beschloß der Rat der Stadt, diese abzubrechen und sie innerhalb der Mauer wieder aufzubauen, nachdem die Kirche während der Belagerung der Stadt durch Kaiser Karl IV im Jahre 1376 nicht besucht werden konnte.
Am 30. Juni 1377, drei Stunden nach Sonnenaufgang, legte Bürgermeister Ludwig Krafft, im Auftrag des Rates der Stadt, vor dem Klerus und der Bürgerschaft den Grundstein zur Bürgerkirche.
Die Pfarrkirche, die erst 100 Jahre später „Münster" genannt wird, wurde aus städtischen Mitteln und Opfern der gesamten Bürgerschaft finanziert. Mit dem Bau beauftragt wurde Heinrich Parler. Er und seine Söhne Michael und Heinrich planten und bauten von 1377–1391 eine Hallenkirche gotischen Stils. Ulrich von Ensingen (1392–1419) erweiterte den Grundriß nach Westen, erhöhte das Mittelschiff, plante einen gewaltigen Westturm und formte so die Hallenkirche in eine dreischiffige Basilika um. Im Jahre 1405 wurde sie geweiht.
Kans Kun (1419–1435), Schwiegersohn Ulrichs von Ensingen, baute am Westturm weiter. In seiner Zeit wird das Hauptportal mit Figuren verziert. Nach seinem Sohn Kaspar Kun (1435–1446) wurde sein Schwager Matthäus Ensinger (1446–1463) Münsterbaumeister. Er begann mit der Einwölbung von Chor und Seitenschiffen.
Erst ca. 100 Jahre später, 1471, unter Moritz Ensinger (1465–1471) war das Mittelschiff eingewölbt. Das Baugerüst diente gleichzeitig zur Errichtung des Sakramentshauses und zur Bemalung des Chorbogens mit dem Jüngsten Gericht.
Matthäus Böblinger, Münsterbaumeister von 1477–1494, zeichnete einen neuen Plan für den Westturm, der allerdings erst 400 Jahre später verwirklicht wurde. Er konnte nicht weiterbauen. Schäden traten auf, Risse zeigten sich, Steine stürzten in den Innenraum. Bei Nacht und Nebel soll er Ulm fluchtartig verlassen haben. Der neue Baumeister Burkhard Engelberg, 1494–1512, aus Augsburg, der die Bautechnik seiner Zeit bestens beherrschte, rettete durch Sicherungsarbeiten das Ulmer Münster.
Er verstärkte das Fundament, verband den Turm mit dem Hauptgebäude und zog in die beiden Seitenschiffe eine neue Säulenreihe mit einem Sterngewölbe ein. So wurde das Ulmer Münster zu einer fünfschiffigen Basilika mit gewaltigem Hochschiff umgebaut.

Ulmer Münster mit Westturm (161,5m). ▷

Schmerzensmann am Westportal (H. Multscher, 1429).

◁ *Westportal.*

Der endgültige Ausbau zu einer der schönsten Kirchen der Gotik erfolgte erst in den Jahren 1844–1890.

1880 wurden die beiden Osttürme (86 m hoch) fertig, und am 31. Mai 1890 beendete Münsterbaumeister August Beyer mit dem Aufsetzen der Kreuzblume den Ausbau des Westturmes.

Das Ulmer Münster, nach dem Kölner Dom größte Kirche Deutschlands (125 m lang, 49 m breit, 41,6 m hoch, ca. 6000 m^2 Fläche), war nach 513 Jahren (Bauhütte war von 1528 bis 1844 geschlossen) mit dem höchsten Kirchturm der Welt (161,5 m) fertiggestellt worden.

Bedeutende Künstler, angesehene Meister ihres Faches, schmückten die Kirche außen und innen. Meister Hartmann schuf das mit Figuren (83 Statuen) reich verzierte Hauptportal.

Die wohl bedeutendste Skulptur der Spätgotik, der Schmerzensmann zwischen den beiden Eingangstüren, stammt von Hans Multscher (1429). Die Originalfigur ist im Kirchenschiff zu sehen.

Die ältesten Teile (1356) finden wir am Nordwestportal. Die Steine stammen von der abgebrochenen Pfarrkirche ,,Unserer lieben Frau''.

Der ,,Dreisitz'' (1468) und das großartige Chorgestühl (1469–1474), eines der schönsten und bedeutendsten Schnitzwerke deutscher Kunst, wurden in der Werkstatt von Jörg Syrlin D. Ä. unter Mitwirkung von Michael Erhart gefertigt. Die vollplastischen Hauptbüsten, links die Männerreihe mit Vergil (wohl ein Selbstportrait von Syrlin), Sekundus und Quintillion, Seneca und Ptolemäus, Terenz und Cicero und Pythagoras, rechts die Frauenseite mit den Sibyllen, bestimmen den hohen künstlerischen Rang.

Jörg Syrlin d. J. schuf das Weihwasserbecken (1507) und den Schalldeckel zur Kanzel (1510).

Den Choraltar (1521) malte Martin Schaffner. Die 6 erhaltenen alten Chorfenster (15. Jh.) stammen von Jakob Acker und dem Straßburger Künstler Peter von Andlau. Die 3 neuen Fenster (1, 2, 9) wurden 1955 von Hans G. v. Stockhausen entworfen und eingesetzt.

Unbekannt sind die Meister vom Weltgericht, dem Taufstein und dem Sakramentshaus.

Das Sakramentshaus, aus den Jahren 1460–80, 26 m hoch, gehört zu den feinsten in Stein gehauenen Kunstwerken.

Links und rechts des Chores finden wir die ehemaligen Privatkapellen der Patrizierfamilien Besserer und Neithart. Die Bessererkapelle auf der Südseite enthält bedeutende, farbige Glasfenster aus der Gründerzeit.

Münstergrundriß ▷

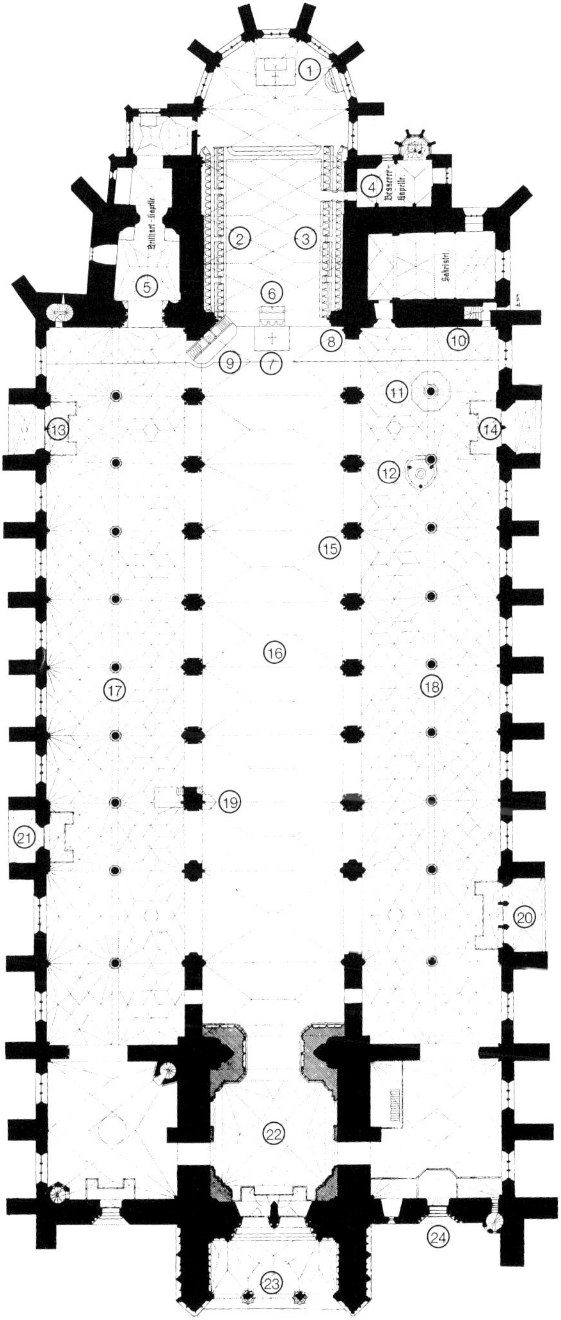

(1) Choraltar (Schaffner)

(2) Chorgestühl (Männerseite)

(1) Chorgestühl (Frauenseite)

(4) Bessererkapelle

(5) Neithartkapelle

(6) Dreisitz

(7) Chorbogen mit Weltgericht und Triumphkreuz

(8) Schmerzensmann Originalfigur (Multscher)

(9) Sakramentshaus

(10) Kargaltar

(11) Weihwasserbecken

(12) Taufstein

(13) Nordostportal (Passionsportal)

(14) Südostportal (Brauttor)

(15) Gründungsrelief

(16) Mittelschiff

(17) Nordschiff

(18) Südschiff

(19) Kanzel mit Schalldeckel

(20) Südwestportal (Marienportal)

(21) Nordwestportal (Kleines Marienportal)

(22) Turmvorhalle

(23) Hauptportal mit Schmerzensmann (Kopie)

(24) Eingang

Münster, Mittelschiff mit Chor.

Kanzel mit Schalldeckel (1510) ▷

o.r.: Gründungsrelief
u.r.: Taufstein.

◁ *Israelfenster*
(H. G. von Stockhausen 1986).
Fenster der Verheißung (P. V. Feuerstein 1985).

Chor mit Dreisitz und Sakramentshaus (26m).

Chorgestühl, Männerseite, aus der Werkstatt von J. Syrlin d. Ä. (1469-74).

o.l.: Chorgestühl: Vergil ▷
o.r.: Ptolemäus
u.l.: Hellenspontische Sibylle
u.r.: Cumanische Sibylle

Sibilla cumana

Choraltar von Martin Schaffner (1521).

Chorgestühl: Pythagoras ▷

Pictagoras musice inventor
Fugāda sunt omib modis et abscindē
da languor a corpe impericia ab anima

Blick vom Ulmer Münster auf die Oststadt.

◁ *Turmfenster mit Kreuzblume.*

Das Ulmer Rathaus

Nach dem Münster ist das Rathaus das am meisten fotografierte Gebäude. Aus drei Baukomplexen, dem Nordflügel, ein Gewandhaus (1357), dem ehemaligen Kaufhaus an der Ostseite (1370) und dem südwestlichen Teil, ein ehemaliges Fachwerkhaus, entstand durch Um- und Ausbauten das heutige stattliche Rathaus. 1944 zerstört, wurde es nach dem Krieg (1951) nach alten Plänen wieder aufgebaut. Unter BM Helmut Schaber von 1987 bis 1989 umgebaut, entstand ein lichtdurchflutetes, überdachtes Treppenhaus mit Foyer. Prunkstück ist der große neue Ratssaal mit Kassettendecke und Plastiken des Ulmer Bildhauers Hans Multscher von 1427.
Markant ist die Südostecke mit Eckerker, den prachtvollen, spätgotischen Fenstern des kleinen Ratsaales, der überaus reichen Fassadenmalerei, der Huldigungskanzel, darüber Uhrengiebel mit astronomischer Uhr (1520), dem Rathausturm und den feingegliederten Dachgiebeln aus Terrakottamaterial.
Am Rathausfenster der Ostseite finden wir bedeutende Figuren von Hans Multscher (um 1427), in der Mitte Kaiser Karl der Große mit zwei Schildknappen, umgeben von den Königen von Ungarn und Böhmen. (Originale im Ulmer Museum.)
An den drei Südfenstern stehen die Figuren von 6 Kurfürsten, von Meister Hartmann gestaltet.
In der Fassadenmalerei von Martin Schaffner (1540) werden an der Nord- und Ostseite die menschlichen Tugenden und Laster lebhaft dargestellt.
Die Südseite zeigt: Städtewappen, Kriegsszenen und ein Ulmer Ordinarischiff, Symbol für den Handel mit den Städten an der Donau.
Der Nordbau wurde 1539 abgebrochen und durch einen Querbau mit offenen Renaissancearkaden ersetzt.
Im Inneren des Rathauses sehen wir sehr schöne Ulmer Intarsienschränke und eine Nachbildung des Flugapparates von Albrecht Berblinger, dem Schneider von Ulm, mit dem er 1811 die Donau überfliegen wollte.
Das gesamte Geschehen der Stadt, das wesentlich von der Politik im Rathaus beeinflußt wurde, ist festgehalten und niedergeschrieben in ca. 15 000 Urkunden, in lückenlosen Ratsprotokollen (seit 1501) und in ca. 900 Metern Regalakten, die im Archiv der Stadt Ulm sorgfältig aufbewahrt und betreut werden.
Südlich des Rathauses, als Bindeglied zwischen Fischmarkt und Marktplatz, steht der Syrlinbrunnen, von Jörg Syrlin d. Ä., aus dem Jahre 1482. Ritter tragen Reichs- und Stadtwappen. Weiter führt der Weg zum Metzgerturm, 1345 erbaut. Der „schiefe Turm von Ulm" weist eine Neigung von 2 m nach Nordwesten auf.
In der Herdbruckerstraße 13 finden wir wohl das älteste Wohnhaus Ulms aus dem Jahre 1358.

Rathaus, Südseite mit Syrlinbrunnen.

Rathaus, Nordseite, Querbau mit Renaissancearkaden (1539).

Rathaus, Ostseite, Astronomische Uhr (1520) und Huldigungskanzel.

Das Ulmer Museum

Vom Rathaus kommend führt der Weg über den Marktplatz ins Ulmer Museum. Die städtischen Sammlungen für Kunst und Kunstgeschichte enthalten wertvollste Bestände der alten und modernen Kunst von nationaler und internationaler Bedeutung, die in Abteilungen gegliedert sind.

1. Die Prähistorische Sammlung informiert über die Vor- und Siedlungsgeschichte der Stadt und des Alb-Donau-Kreises.
2. In der Ulmer und Oberschwäbischen Kunst vom 14. bis 16. Jh. sehen wir bedeutende Werke aus der Ulmer Schule von bekannten Künstlern, die am Münsterbau beteiligt waren. (Multscher, Syrlin, Erhart, Zeitblom, Schaffner usw.).
3. In der stadtgeschichtlichen Abteilung, mit wertvollen und einmaligen Beispielen aus dem Ulmer Kunsthandwerk (Goldschmiedekunst und Ulmer Schränke), den Zunftgegenständen, den Plänen und Modellen aus der Stadtgeschichte, läßt sich die reiche Vergangenheit der freien Reichsstadt nachvollziehen.
4. Im Weickmannianum finden wir vom Ulmer Kaufmann Ch. Weickmann im 17. Jh. aus der ganzen Welt zusammengetragene kultische Gegenstände und exotische Raritäten.
5. Bekannt und sehenswert ist der Bereich der graphischen Sammlung der Klassischen Moderne mit Werken von Picasso, Braques, Gris, Klee usw. Diese wird heute sinnvoll erweitert durch die neue Abteilung, der
6. Sammlung Kurt Fried, internationale Kunst nach 1945, die der Ulmer Verleger und Publizist, anerkannter Kunstexperte, der Stadt 1978 gestiftet hat.
7. Mit der Abteilung Wechselausstellungen, Kunst der Gegenwart, bietet das Ulmer Museum Anregungen und Auseinandersetzungen mit der Kunst der Jetztzeit.

Das Museum befindet sich in einem Komplex, dessen Hauptgebäude das Kiechelhaus, ein Haus im gotischen Stil aus dem 14. Jh., das von 1598 bis 1604 in einen Renaissancepalast umgebaut wurde. Vom alten Haus erhalten und ins Museum einbezogen, ist die 1372 der Hl. Barbara geweihte Hauskapelle. Im Kiechelsaal, dem Festsaal des Hauses, bewundern wir die prunkvolle Kassettendecke aus der Spätrenaissancezeit.

Das Deutsche Brotmuseum

1955 von Dr. h.c. W. Eiselen gegründet, seit 1981 von seinem Sohn Dr. H. Eiselen geleitet und getragen von der Eiselen-Stiftung, ist eine rein private Institution. Seit 1991 befindet es sich im historischen Ulmer Salzstadel. Es ist eine einmalige Sehenswürdigkeit. Dargestellt werden die Naturgeschichte des Getreides, die Technikgeschichte des Mahlens und Backens, die Kultur- und Sozialgeschichte des Brotes sowie die Geschichte des Hungers und seine aktuelle Bedeutung.

o.l.: Maria mit dem Kinde, Allgäuer Bildschnitzer (Ende 15.Jh.). ▷
Schildknappe, H. Multscher (1427).
o.r.: Begegnung an der Goldenen Pforte, L. Schongauer (um 1475).
u.l.: Yellow Sky, Roy Lichtenstein (1965).
u.r.: Nagelbrett – Ameisenstraße, Günther Uecker (1962).

Kiechelsaal, Prunkraum des Museums mit reich verzierten Ulmer Fassadenschränken (um 1660).

o: Deutsches Brotmuseum: Gesellenbrief mit Ansicht von Ulm ▷
u.l.: Delfter Fayencen, 1740.
u.r.: Lebkuchenmodel, Österreich, 1648.

Wir Beschworne Vor und andere Meister
der Handwercks derer Becken
in des Heil. Reichs Stadt Ulm bescheinigen hiemit, daß gegenwärtiger Gesell Pahmens Johann Melchior Drittler, von Saalen gebürtig, so 25 Jahr alt, und von Statur mittelmäßig auch gelber Haaren ist, bey Uns allhier 3½ Jahr Wochen in Arbeit gestanden, und sich solche Zeit über getreu, fleißig, still friedsam und ehrlich wie einen jeglichen Handwercks Bursch gebühret verhalten hat, welches Wir also attestiren, und deßhalben Unsere sämtliche Mitmeistere diesen Gesellen nach Handwercks Gebrauch überall zu fördern geziemend ersuchen wollen. Ulm den 1. Februar 1770.

Johann Jacob Sädeler

Weinhof – Fischerviertel

Vom Marktplatz aus erreichen wir über die Kronengasse den Weinhof. Hier stand die königliche Pfalz, ein hoher Turm, der Luginsland und die Pfalzkapelle. Diese wurden 1612 abgebrochen, und an ihre Stelle das Schwörhaus errichtet. Vom Balkon des Schwörhauses gibt der Oberbürgermeister der Stadt Ulm am Schwörmontag den Bürgern seinen Rechenschaftsbericht und erneuert den Schwur aus dem großen Schwörbrief von 1397: „Reichen und Armen ein gemeiner Mann zu sein in allen gleichen gemeinsamen und redlichen Dingen ohne allen Vorbehalt."

Im Schwörhaus sind heute Stadtarchiv und Stadtbibliothek (mit 375 000 Büchern) untergebracht.

Vom Weinhof führt der Weg, vorbei an der Staufermauer (1220) mit Buckelquadern und Stauferlöwen, ins Fischerviertel, dem Quartier der Gerber, Färber, Müller, Fischer und Schiffsleute. Malerische verträumte Blaupartien, reizvolle enge Gassen, romantische Winkel, typische Ulmer Fachwerkhäuser, das Schiefe Haus (15Jh.), ein Fachwerkgiebelhaus auf Pfosten erbaut und das Zunfthaus der Schiffleute (1490), Fischergasse 31, 1975 saniert, geben Zeugnisse einer glanzvollen Epoche.

Vom Fischerplätzle aus, siehe Bild am Schönen Haus, brachten die Ulmer Schiffleute Waren, Truppen und Auswanderer in die Donauländer. Im 18.Jh. wanderten die Donauschwaben nach Ungarn und ins Banat. 1945 kehrten sie als Flüchtlinge und Heimatvertriebene ins alte Stammland zurück. (siehe Denkmal an der Stadtmauer).

Über die Wilhelmshöhe, wunderbarer Blick über die Altstadt, erreichen wir, vorbei am Apothekergarten, den 1980 im Rahmen der Landesgartenschau neu angelegten Duft- und Tastgarten für Blinde, von dem es nur wenige Beispiele in Deutschland gibt.

Über die Stadtmauer oder entlang der Donau, einer der schönsten Spazierwege, gelangen wir nach ca. 20 Minuten in den Ulmer Freizeit- und Erholungspark, die Friedrichsau.

Donaufront – Grüner Hof

Wählt man den Weg über die Neu Ulmer Uferseite, so fällt der Blick auf Stadtmauer, Giebelhäuser, Metzgerturm, Rathaus und Münster. Diese charakteristischen Bauten prägen seit Jahrhunderten Ulms unverwechselbare Stadtansicht (s. Titelseite). Über die Herdbrücke nach Ulm zurückgekehrt, treffen wir auf eine der Keimzellen der Stadt, den Grünen Hof, einst zum Kloster Reichenau gehörend. Im Ehinger Hof (Reichenauer Hof), mit wertvollem Prunksaal, übernachtete Kaiser Karl V. Zum Kloster Reichenau gehörten auch die restaurierten romanischen Gebäude Nikolauskapelle und Steinhaus aus dem 13. Jahrhundert.

Die Dreifaltigkeitskirche begrenzt das Gelände des Grünen Hofes nach Nordosten. Im Krieg schwer beschädigt, wurde sie von der evangelischen Kirche zu einem Haus der Begegnung umgebaut.

Schiefes Haus im Fischerviertel, Fachwerkbau (15.Jh.) ▷
1995 saniert, modernes Gästehaus.

HOTEL

Fischerviertel, Blaupartie ,,Klein Venedig''.

o.l.: An der Blau. ▷
o.r.: Fischerplätzle.
u.l.: Staufenmauer (13.Jh.).
u.r.: Blaubrücke.

„Zur Forelle“, einst Gasthaus der Fischer, mit Häuslesbrücke.

„Kußgäßle“ ▷
mit „Lügenbrückle“.

Die Friedrichsau

Seit 1810 gehört die Stadt Ulm zum Königreich Württemberg. Im Mai 1811 besuchte König Friedrich zum ersten Mal Ulm. Als Geschenk überbrachte er 2 000 Gulden für die Errichtung eines Erholungsgebietes, die spätere Parkanlage Friedrichsau. Diese war einst beliebtes Ausflugsziel der Ulmer. In den Augärten herrschte reges Leben. Gesang und Geselligkeit wurden gepflegt.

Doch in den 70iger Jahren wurde die Au nicht mehr angenommen. Durch die erste Landesgartenschau im Jahre 1980 von Baden-Württemberg und Bayern, der Städte Ulm und Neu-Ulm, erfuhr die Friedrichsau eine große Aufwertung.

Die erneuerten Grünanlagen, die sanierten Vereinsgärten, die neugestalteten Auseen, der Festhügel, die Veranstaltungsinsel, ein gut angelegter, attraktiver Kinderspielplatz, die Spiele für Erwachsene, Minigolf, Schach, Mühle, Boccia, werden von den Besuchern gerne aufgesucht.

Der Bärenzwinger mit den großen Bären, das Aquarium und das neuerrichtete Tropenhaus mit Alligatoren, Affen, tropischen Vögeln und Pflanzen erfreuen sich großer Beliebtheit.

Die Friedrichsau ist heute wieder der Freizeit- und Erholungspark der Ulmer.

Mit der Planung der Landesgartenschau wurde ein Katalog für die Grünplanung der gesamten Stadt erarbeitet. Systematisch wurden Grünzüge geschaffen, das Grün in die Innenstadt gebracht, Landschafts- und Naturschutzgebiete ausgewiesen und neue Biotope angelegt.

Die Stadt Ulm ist auf dem besten Wege eine grüne Stadt zu werden. Mit der Landesgartenschau wurde eine Ausstellung von Skulpturen, speziell von Freiplastiken, in der Friedrichsau und im ganzen Stadtgebiet durchgeführt. Skulpturen der letzten 30 Jahre von internationalen Künstlern wurden gezeigt. Einige Kunstwerke wurden gekauft. Wir finden sie in der Friedrichsau und auf innerstädtischen Plätzen.

Am Rande der Friedrichsau liegt ein umfangreiches Ausstellungsgelände mit der Donauhalle (mit 3000 Plätzen), weiteren Ausstellungshallen und dem Donauhallenrestaurant mit herrlichem Blick auf den See. Im Frühjahr und im Herbst werden zwei große Messen abgehalten, die gerne besucht werden. Eine Ausstellung von Fertigbauhäusern kann das ganze Jahr über besichtigt werden.

Weitere städtische Grünzonen, als kleinere Einheiten, aber lebensnotwendige Anlagen im Häusermeer der Innenstadt, sind: Der Alte Friedhof, der Karlsplatz, die Wilhelmshöhe, der Kobelgraben und die Ehinger Anlagen.

Der Grünzug entlang der Donau, das Harthauser-, Lehrer- und Örlinger Tal sorgen für günstige klimatische Verhältnisse.

Brücke zur Friedrichsau mit Entensee. ▷
u.l.: Blühendes Tor (Klein 1980).
u.r.: Friedrichsau, Eingangsbereich.

Tropenhaus, erbaut zur Landesgartenschau 1980.

Friedrichsau mit Messegelände

Plastik in der Friedrichsau (Hauser 1980).

◁ *o.l.: Plastik beim Kornhaus (Schönholtz 1978).*
o.r.: Einstein am Zeughausgelände (Görtz 1983/84).
u.l.: Diagonale in der Friedrichsau (Ramirez 1980).
u.r.: Stelen, Universität (Bill 1980)

Ulm heute

Die Stadt Ulm zählt heute ca. 177 000 Einwohner, davon sind 20 000 Ausländer. Die Stadt Ulm ist zusammen mit Neu-Ulm Oberzentrum einer großen Region mit vielen bedeutenden zentralen Einrichtungen. Handel und Gewerbe, Industrie und die Dienstleistungsbetriebe stellen 90 000 Arbeitsplätze zur Verfügung. 54 000 Pendler fahren jeden Tag in die Stadt.
28 000 Schüler besuchen die Ulmer Schulen. 12 000 Schüler kommen von auswärts.
Das Ulmer Theater, als Dreispartenbetrieb geführt, hat im Jahr ca. 180 000 Besucher zu verzeichnen.
Einen großen Einzugsbereich haben die Ulmer Krankenhäuser, die Universitätskliniken, das Bundeswehrkrankenhaus und das Rehabilitationszentrum.
8000 Studenten studieren an den Ulmer Hochschulen.
Reich ist das Freizeitangebot. Stadion, große Sporthallen, Donaubad, Hallenbäder und Trimm-Dich-Pfade bieten den 36 000 Mitgliedern in 54 Sportvereinen vielfältige sportliche Möglichkeiten.
Beliebt und daher gerne besucht, ist Ulm als Einkaufsstadt. Die Geschäfte, reich sortiert, ansprechend in den Auslagen, bieten für jeden Geschmack gute und erlesene Waren an.
Ulmer Spezialitäten finden wir in den Cafés und der Ulmer Gastronomie.
In die Ulmer Innenstadt, leicht mit Bus oder PKW (fünf Parkhäuser stehen zur Verfügung) zu erreichen, zog, durch die Fußgängerzonen, verkehrsberuhigte Bereiche, Wohnstraßen und neu geschaffene Plätze, urbanes Leben ein.
Im Salzstadelbereich, im Fischerviertel und auf dem Kreuz entstanden durch Sanierungsmaßnahmen Wohnviertel von hoher Qualität. Ein Stadtqualitätsprogramm, mit einer Investitionssumme von 250 Millionen DM, vom Ulmer Gemeinderat 1985 beschlossen, hat wesentliche Verbesserungen ins Gesamtbild der Stadt gebracht:
Durch die Neuordnung des Münsterplatzes, das Zentrum der Stadt, wurden neue Erlebnisbereiche erschlossen.
Neugestaltet wurden Bahnhofsplatz und Donauhalle mit Ausstellungsgelände.
Am Valckenburgufer entstand, in Verbindung mit dem komfortablen Hotel Maritim, die Ulmer Stadthalle, ein Saalbau für kulturelle und gesellige Veranstaltungen, ein Congress-Centrum für nationale und internationale Tagungen.
Der reichen Vergangenheit bewußt, bemühen sich Bürger durch private Initiativen und die Stadtverwaltung, denkmalgeschützte Gebäude zu erhalten.
Die Unverwechselbarkeit und die Attraktivität der Stadt Ulm muß erhalten bleiben.

o.l.: Nikolauskapelle (13.Jh.) mit Gindelekomplex. ▷
o.r.: Ulmer Backhaus (1780).
u.l.: Wochenmarkt auf dem Münsterplatz.
u.r.: Fußgängerzone, Hafengasse.

GASTSTÄTTE
Teck

COMPUTER

Grabenhäuser, ehemalige Soldatenwohnungen auf der Stadtmauer.

◁ *Altstadt, Rabengasse.*

Blick von der Stadtmauer zum Münster.

o.l.: Fischerviertel. ▷
o.r.: Dreikannen, Loggia (1671).
u.l.: Schönes Haus (1616).
u.r.: Kornhaus (1594).

weinkrüger

Kornhäusle
Crêperie

Hirschstraße, Fußgängerzone, Hauptgeschäftsbereich.

Berblinger Denkmal.

Aus der Vogelperspektive gesehen: ▷
Das Oberzentrum Ulm / Neu-Ulm,
die Donau als Landesgrenze.

Giebelhäuser an der Stadtmauer.

o.l.: Pauluskirche (1910), Garnisonkirche. ▷
o.r.: Büchsenstadel (1485), Jugendhaus.
u.l.: Zundeltor mit Seelturm (14. Jh.).
u.r.: Metzgerturm (1340).

ULMER
ZUCKER-
BROT

RESTAURANT
ULMER SCHACHTEL
LÖWENBRÄU

Münsterbäcker

*Delphinbrunnen (1585),
vor dem Museum auf dem Taubenplätzle.*

◁ *o.l.: Ausleger: Ulmer Zuckerbrot.
o.r.: Ulmer Schachtel.
u.l.: Goldener Pflug.
u.r.: Münster Bäckerei.*

Gerberhäuser mit Münsterblick.

Blaubeurer Tor, alter Festungsgürtel. ▷
Neuer Bau (1585-1593) mit Hildegardsbrunnen (1591).
Zeughaus, Löwenbau (1666/67)

Dreifaltigkeitskirche (1617-1621), heute Haus der Begegnung.

Münster,
Blick vom Michelsberg.

Ulmer Feste

Die Ulmer feiern gerne und das gleich mehrmals im Jahr. 50000 bis 60000 Zuschauer nehmen an der Lichterserenade, am Nabada und am Cityfest teil. Im kleineren Rahmen finden das Volksfest, die Faschingsumzüge oder die kirchlichen Feste, Posaunentag und Fronleichnam statt. Das Ulmer Nationalfest ist der Schwörmontag, begangen am 3. Montag im Juli, zur Erinnerung an die erste Stadtverfassung 1397.

Um 11.00 Uhr treffen sich Gemeinderat und Bürger der Stadt mit vielen prominenten Gästen am Weinhof, um den Rechenschaftsbericht des Oberbürgermeisters entgegenzunehmen. Beim Klange der Schwörglocke erneuert der Oberbürgermeister den Schwur aus dem großen Schwörbrief (s.S. 32).

Am Nachmittag treffen sich Jung und Alt entlang der Donau, um den bunten Festzug auf dem Wasser, dem Nabada, zuzujubeln. Anschließend wandern die Leute hinunter in die Friedrichsau zum gemütlichen Beisammensein bei kühlem Bier und saftigen Würstchen. Alle vier Jahre werden in historischen Kostümen von der Küferinnung die Bindertänze aufgeführt. Ebenfalls alle vier Jahre findet das Fischerstechen auf der Donau statt. Nach den Klängen des Wassermarsches legen die mit drei Mann geruderten Zillen vom jeweiligen Ufer ab. Am Bootsende steht der Turnierkämpfer mit einer Lanze bewaffnet. In der Mitte des Flusses, beim Vorbeifahren, versuchen diese mit der Lanze den Gegner ins Wasser zu stoßen. Gewonnen hat der Kämpfer, der trocken bleibt.

Begleitet wird das Fest immer von den Ulmer Originalen:

Dem Spatz, dem Schneider und dem Krettaweber.

Der Spatz, mit Strohhalm im Schnabel, sitzt auf dem Münsterdach. Ihm verdanken nach der Legende die Münsterbauleute, die einen Balken quer durch das Stadttor tragen wollten, daß es in Längsrichtung besser geht.

Der Schneider von Ulm, Albrecht Ludwig Berblinger (1770-1829), war ein Pionier und ein beachtlicher Vorkämpfer für die Idee des Fliegens.

Der Krettaweber (1858-1920) Ulms originelle Straßenfigur, angetan mit weißer oder grüner Schürze und seinem Korb (Kretta) am Arm, schimpfte mit lauten, kräftigen, derben Worten über alles, was ihm nicht paßte. Er hatte das Schneiderhandwerk erlernt, lebte aber als Gemüse- und Antiquitätenhändler in Ulm.

Die Ulmer Bürger, ihrer großen, historischen Tradition bewußt, verstehen es immer wieder, Jubiläen in einem würdigen Rahmen zu feiern.

Als „Bürgerfest um eine Bürgerkirche" ging das Fest 1977, 600 Jahre Ulmer Münster, in die Literatur ein.

Groß feierte die Stadt 1986 das Berblinger-Jubiläum (vor 175 Jahren Flugversuch über die Donau). Festtagsglanz zog 1990 in die Stadt ein, als Kirche und Stadt das 100-Jahr-Münsterturmjubiläum begingen.

Lichterserenade, am Samstag vor Schwörmontag.

Bindertanz vor dem festlich geschmückten Rathaus.

◁ *Schwörrede des Oberbürgermeisters vom Balkon des Schwörhauses.*

Fischerstechen auf der Donau.

◁ *Tanz der Fischer.*
Bindertanz.
Tanz, Bauer und Bäuerin mit Schalknarren.

Ulmer Originale
Griesbadmichel und Krettaweber.

Spatz und Schneider.

◁ *Schwörmontag, „Nabada“,*
Festzug auf dem Wasser.

Ulm-Wiblingen

Die barocke Baukunst konnte sich in Ulm, nach der Reformation kaum entwickeln. Diese finden wir daher um so reicher vor den Toren der Stadt, im heutigen Stadtteil Wiblingen, in der wuchtigen, ehemaligen reichsfreien Benediktinerabtei Wiblingen, die 1093 von den Grafen von Kirchberg gestiftet wurde.

Die heutige Klosteranlage wurde in der Zeit von 1714 bis 1781 errichtet. Bedeutende Baumeister und Künstler waren beteiligt.

Christian Wiedemann baute den Süd- und Nordflügel des Klosters mit der wunderbaren, faszinierenden Bibliothek.

Nach den Plänen von J. M. Fischer (1692-1766), dem Erbauer der Kirchen von Ottobeuren und Zwiefalten, wurde von J. G. Specht, von 1772 bis 1781, die Stifts- und Wallfahrtskirche errichtet. Am 28.9.1783 wurde diese dem Hl. Martin geweiht.

Der helle Innenraum der Kirche ist in Weiß und Gold geprägt. Dieser trägt, trotz seiner großen Pracht, durch die klare Ordnung, Zurückhaltung und Vornehmheit, erste Merkmale des beginnenden Klassizismus. Die großartigen Deckengemälde und das Kreuzigungsbild am Hochaltar malte Januarius Zick. Sie stehen in Beziehung zur Reliquie des Heiligen Kreuzes Christi, die seit den Kreuzzügen in der Kirche aufbewahrt und verehrt wird.

Das große, spätgotische Kreuz im Mittelraum stammt aus dem Ulmer Münster, geschnitzt von Michael Erhart (15. Jh.).

Kanzel und Hochaltar schuf Benedikt Sporer, die Stuckgruppe „Aussendung der Apostel", J. Schnegg und das Chorgestühl J. Christian.

Das sich anschließende Kloster wurde vor allem durch seine im Rokokostil erbaute Bibliothek berühmt, eine der schönsten im süddeutschen Raum. Das Deckenfresko von Franz Martin Kuen ist der himmlischen Weisheit gewidmet. Die Architektur, die Plastik, der Stuck und das Licht bilden eine vollkommene Harmonie.

Die lebensgroßen plastischen Figuren symbolisieren an der Längsseite die Wissenschaften: Rechts- und Naturwissenschaften, Mathematik und Geschichte und an der Schmalseite die Tugenden des klösterlichen Lebens: Gehorsam und Weltverachtung, Glaube und Gebet.

Kloster und Kirche wurden 1806 säkularisiert.

Wiblingen, seit 1927 von der Stadt Ulm eingemeindet, zählt heute 18 000 Einwohner.

In der Johannes-Palm-Straße, im Erenlauh und am Tannenplatz entstanden neue Siedlungsschwerpunkte mit großem Schul- und Sportzentrum, Markt, Einkaufsstätten und Sozialzentrum mit katholischem, evangelischem und städtischem Anteil.

Die katholische St. Franziskuskirche (von Unterlöhner und Lütz) am Tannenplatz und die evangelische Versöhnungskirche (von Gulbransson) in der Donautalstraße gelten als sehenswerte, moderne Sakralbauten.

Bibliotheksaal im Kloster Wiblingen. ▷

Klosteranlage Wiblingen mit Kirche.

Klosterkirche Wiblingen.

Ulm als Hochschulstadt

Bereits in den 50er Jahren begann die Stadt Ulm dem Bau von Schulen eine starke Vorrangigkeit zu geben, und diese wurde bis in die Jetztzeit fortgesetzt. Allein von 1972 bis 1984 wurden Schulen und Turnhallen für 300 Mio. DM gebaut.
In dieser schulfreundlichen Stadt durften Hochschulen nicht fehlen.
So gelang es 1955, die Hochschule für Gestaltung auf dem Kuhberg anzusiedeln. Anknüpfend an die einstige Idee des Bauhauses in Weimar und Dessau, setzte man sich mit der technischen Zivilisation, der Umweltforschung und Umweltgestaltung auseinander. Leider konnte diese Schule, die einen guten Namen hatte, nicht weitergeführt werden.
1960 wurde die Ingenieurschule gegründet, die heutige Fachhochschule am Gaisenberg, die sich in all den Jahren einen Spitzenplatz im Lande erworben hat. 2300 Studenten widmen sich den technischen Fächern. Der Technologietransfer wird praktiziert, und eine gute Zusammenarbeit auf dem Gebiet der biomedizinischen Technik besteht mit der Universität Ulm.
1967 wurde Ulm Universitätsstadt. Am 25. Februar wurde die Universität Ulm als medizinische-naturwissenschaftliche Hochschule gegründet. 6000 Studenten aus allen Ländern der Bundesrepublik und dem Ausland studieren zur Zeit in Ulm. Die Hälfte belegt Medizin und Zahnmedizin, und die andere Hälfte hat sich für die Fächer Mathematik, Biologie, Chemie, Physik, Wirtschaftsmathematik und Ingenieurwissenschaften entschieden.
Abgesetzt, hoch über allem städtischen Geschehen, in 610 m Höhe, der höchsten Stelle Ulms, mitten im Wald am Eselsberg, stehen die Gebäude der Universität. Die Unikliniken, die als Schwerpunktkrankenhäuser ein Einzugsgebiet von 1,7 Mio. Einwohnern versorgen, befinden sich am Michels- und am Safranberg. Das Klinikum für innere Medizin wurde auf dem Eselsberg gebaut. Mit dem Bundeswehrkrankenhaus (600 Betten) und dem Rehabilitationszentrum (220 Betten), beide befinden sich ebenfalls am Oberen Eselsberg, ist für die Stadt Ulm und Umgebung eine medizinische Maximalversorgung erreicht.
Südöstlich der Universitätsbauten erstreckt sich das 16 ha grosse Gelände des Botanischen Gartens.

Ulm, erste Wissenschaftsstadt Europas

Universität, Fachhochschule, private Forschungsstätten (Aninstitute), Science Park und Technologiefabrik arbeiten an einer stärkeren Verzahnung von Wissenschaft und Wirtschaft. In fünf Technologien, Informations-, Bio-, Werkstoff-, Energie- und Raumfahrttechnik, wird intensiv geforscht und werden zukunftsorientierte Entwicklungen erarbeitet.

Wissenschaftsstadt Ulm
Daimler Benz Forschungszentrum
Universität Ulm
Bundeswehrkrankenhaus

Die Bundesfestung Ulm

Die Stadt Ulm, war als Reichsfestung mit Wall und Graben, Basteien, Schanzwerken und Brückenköpfen so stark ausgebaut, daß sie nie erobert werden konnte.
Im Jahre 1800 wurde sie an die Franzosen ausgeliefert. Diese ließen noch im gleichen Jahr die Festungswerke schleifen. Bereits 1818 beschloß der Deutsche Bund in Fankfurt Ulm zur Bundesfestung auszubauen. Neben dem Münster ist sie heute das größte Bauwerk. 15 Außenforts, von ehemals 16, sind erhalten. Das Hauptwerk der Anlage, die Wilhelmsburg mit der Wilhelmsfeste, steht auf dem Michelsberg.

Ulm im Winter

Wenn die Tage kürzer und kälter werden laufen in Ulm, vom Theater über Volkshochschule, Altentreffs, Jugendhäuser, Kirchen und Vereine besonders reichhaltige Programme und zahlreiche Aktivitäten zur Fortbildung und Unterhaltung an.
Man trifft sich ferner bei einem guten Viertele Wein und einem herzhaften schwäbischen Vesper zur Pflege der Geselligkeit in der bekannten Ulmer Gastronomie.
Für den aktiven Wintersportler stehen zwei Kunsteislaufbahnen und bei Schnee ausgedehnte, gepflegte Langlaufloipen am Hochsträß zur Verfügung.
In der Vorweihnachtszeit erstrahlt die Ulmer City im Lichterglanz des Weihnachtsschmuckes, und die große Tanne am Münsterplatz lädt zum Ulmer Weihnachtsmarkt ein.
In festlich geschmückten Verkaufsständen, in einer anheimelnden Atmosphäre bei Tannengrün, duftenden Bratäpfeln, warmem Licht und leiser Musik, werden Geschenke für das Fest angeboten. In den Kirchen wird das Weihnachtsfest, das Fest der Liebe und des Friedens vorbereitet.
Mögen die Menschen aufgeschlossen sein für die Weihnachtsbotschaft, die da lautet: „Ehre sei Gott in der Höhe und Friede den Menschen auf Erden".
Die Ulmer Bürger, die in ihrer langen, reichhaltigen Geschichte oft nicht in Frieden leben konnten, prägten diesen Wunsch auf die Vorderseite ihres Ulmer Guldens von 1704.

„Da pacem nobis domine"

Möge dieser Wunsch für alle Ulmer Bürger, seine Besucher und seine Gäste in Erfüllung gehen.

Weihnachtsmarkt auf dem Münsterplatz. ▷

Fischerplätzle mit Schönem Haus (1616) und Zunfthaus der Schiffleute (1490).

Münsterblick. ▷

Der Ulmer Gulden 1704.

Das Geld wurde so schnell gebraucht, daß man auf das Zuschneiden der Münzen verzichtete und die quadratische Form in den Handel brachte.

Die große Bedeutung des Ulmer Geldes im Mittelalter belegt folgender Spruch:

Venediger Macht
Augsburger Pracht
Straßburger Gschütz
Nürnberger Witz
Und Ulmer Geld
Regiert die Welt.

Literatur

1. Der Stadtkreis Ulm, 2. Ulm, Pflüger, 3. Ulm, Specker, 4. Ulm, Troll, 5. Ulm, Wiegandt, 6. Ulm, Weidlich, 7. Ulm, Neubronner, 8. Ulm, Beck, 9. Ulm, Lorenser, 10. durch Ulm, Stadtführer, 11. Ulm, Baedekers, 12. Ulmer Statistik, 13. Ulmer Profanbauten, Koepf, 14. Die Bundesfestung Ulm, Schäuffelen, 15. Soldat in Ulm, Kuckenburg, 16. Ködereien über Ulm, Hinz, 17. Das Ulmer Münster, Wortmann, 18. Das Ulmer Münster, Seifert, 19. Ulmer Münster, Lipp, 20. 600 Jahre Ulmer Münster, Specker, Wortmann, 21. Das Chorgestühl, Seifert, 22. Alte und neue Fenster, Seifert, 23. Marienportal, Lipp, 24. Bürgerfest um eine Bürgerkirche, 25. Ulmer Museum.